撰　稿

张　迪　沈蓓蕾　孙　杰
唐旭东　曹　阳　赵　新
魏诗棋　郑士明　高　雪
柴冰冰　陈禹行　滕　雪
张　静　刘晓漫　王靖雯
康　健

插图绘制

雨孩子　肖猷洪　郑作鹏
王茜茜　郭　黎　任　嘉
陈　威　程　石　刘　瑶

装帧设计

陆思茁　陈　娇
高晓雨　张　楠

了不起的中国

古代科技卷

算术几何

派糖童书 编绘

化学工业出版社

·北京·

图书在版编目（CIP）数据

算术几何／派糖童书编绘. —北京：化学工业出版社，2023.9（2024.11重印）
（了不起的中国. 古代科技卷）
ISBN 978-7-122-43919-2

Ⅰ. ①算… Ⅱ.①派… Ⅲ.①数学史-中国-古代-儿童读物 Ⅳ.①O112-49

中国国家版本馆CIP数据核字（2023）第141522号

了不起的中国

—— 古代科技卷 ——

算术几何

责任编辑：刘晓婷　　责任校对：王　静

出版发行：化学工业出版社（北京市东城区青年湖南街13号　邮政编码 100011）
印　　装：河北尚唐印刷包装有限公司
787mm × 1092mm　1/16　印张5　2024年11月北京第1版第2次印刷

购书咨询：010-64518888　　售后服务：010-64518899
网　　址：http://www.cip.com.cn
凡购买本书，如有缺损质量问题，本社销售中心负责调换。

定　　价：35.00元

前　言

几千年前，世界诞生了四大文明古国，它们分别是古埃及、古印度、古巴比伦和中国。如今，其他三大文明都在历史长河中消亡，只有中华文明延续了下来。

究竟是怎样的国家，文化基因能延续五千年而没有中断？这五千年的悠久历史又给我们留下了什么？中华文化又是凭借什么走向世界的？“了不起的中国”系列图书会给你答案。

“了不起的中国”系列集结二十本分册，分为两辑出版：第一辑为“传统文化卷”，包括神话传说、姓名由来、中国汉字、礼仪之邦、诸子百家、灿烂文学、妙趣成语、二十四节气、传统节日、书画艺术、传统服饰、中华美食，共计十二本；第二辑为“古代科技卷”，包括丝绸之路、四大发明、中医中药、农耕水利、天文地理、古典建筑、算术几何、美器美物，共计八本。

这二十本分册体系完整——

从遥远的上古神话开始，讲述天地初创的神奇、英雄不屈的精神，在小读者心中建立起文明最初的底稿；当名姓标记血统、文字记录历史、礼仪规范行为之后，底稿上清晰的线条逐渐显露，那是一幅肌理细腻、规模宏大的巨作；诸子百家百花盛放，文学敷以亮色，成语点缀趣味，二十四节气联结自然的深邃，传统节日成为中国人年复一年的习惯，中华文明的巨幅画卷呈现梦幻般的色彩；

书画艺术的一笔一画调养身心，传统服饰的一丝一缕修正气质，中华美食的一饮一馔（zhuàn）滋养肉体……

在人文智慧绘就的画卷上，科学智慧绽放奇花。要知道，我国的科学技术水平在漫长的历史时期里一直走在世界前列，这是每个中国孩子可堪引以为傲的事实。陆上丝绸之路和海上丝绸之路，如源源不断的活水为亚、欧、非三大洲注入了活力，那是推动整个人类进步的路途；四大发明带来的文化普及、技术进步和地域开发的影响广泛性直至全球；中医中药、农耕水利的成就是现代人仍能承享的福祉；天文地理、算术几何领域的研究成果发展到如今已成为学术共识；古典建筑和器物之美是凝固的匠心和传世精华……

中华文明上下五千年，这套“了不起的中国”如此这般把五千年文明的来龙去脉轻声细语讲述清楚，让孩子明白：自豪有根，才不会自大；骄傲有源，才不会傲慢。当孩子向其他国家的人们介绍自己祖国的文化时——孩子们的时代更当是万国融会交流的时代——可见那样自信，那样踏实，那样句句确凿，让中国之美可以如诗般传诵到世界各地。

现在让我们翻开书，一起跨越时光，体会中国的“了不起”。

目　录

酒
?
?

导　言

我国古代著名数学家祖冲之曾经说过一段话："迟序之数，非出神怪，有形可检，有数可推。"翻译过来意思是：天体运行的规律，不是什么神怪的、不可捉摸的东西，有形体现象可供观察检验，有数据可以计算推测。的确，我们生活中遇到的很多难题，其实都可以通过数学的方法加以解决。

中国数学起源于上古至西汉末期，在隋中叶至元后期进入全盛，从元后期至清中期，发展逐渐放缓。与西方数学发展偏向于理论不同，我国古代数学研究大多建立在解决实际生活问题层面上。比如著名的"勾股定理"最初用来测量山高水深，用"出入相补""三斜求积术"等几何知识测量农田面积，用"盈不足术"计算商业物价问题等。中国古代用这种数学思维为国家培养了大批历法、税务、会计和工程等专业官吏，促进了社会的发展。

现在的我们不仅需要去了解先进的西方科学技术和科学理念，更要了解我们祖先在数学上的杰出成就以及对世界科学技术进步作出的贡献。我们不仅要学习历代古人孜孜不倦、勇于克难的精神，也要学习他们在数学研究中展现出来的种种智慧与巧思。

数学的前世今生

数字的出现与生活密切相关，原始社会人们以部落为单位一起生活，采集来的食物要平均分给所有人，总量是多少，每人该分多少，就要通过简单的计算来实现。为防止出错，人们用结绳或在木头上刻线的方式计数，通过这种方式，人们对数学有了简单概念。

随着社会发展，需要统计的数字越来越大，从几、十几到几十、上百，原来简单的刻线计数和结绳计数不够用了，于是人们发明了特定的用来计数的符号。

在殷商甲骨文中，发现了 13 个用来计数的单字，最大的一个代表“三万”，最小的一个代表“一”。此外，现在常用的十进制单位“一”“十”“百”“千”“万”都有自己的专门符号。

	一	二	三	四	五	六	七	八	九	十	百	千	万
甲骨文													
金文													

几何的出现

“几何”是研究空间结构及性质的一门学科。据说“几何”一词，是明朝末年徐光启和意大利传教士利玛窦翻译《几何原本》时根据拉丁文“geometria”发音和意思翻译而成的。

古人对几何的认知可追溯到原始社会。那时，人们已经知道了熟的肉好吃，于是发明了没有灶台的陶制锅。锅是高脚的，需要在下面生火。可怎样才能让锅稳稳地站着不会倒呢？古人发现只需三条腿按一定角度排列就可以，这就是几何在原始社会的应用。

数学工具立下大功

在数学工具方面，这时出现了专门用来画圆的“规”和画方用的“矩”。汉代武梁祠里有一幅画，右边是女娲，左边是伏羲，女娲持规，伏羲持矩。

有了工具，人们具备了测量土地面积和山高谷深、计算农作物产量、进行物物交换和制定历法的能力。

西周时，算学作为每个贵族子弟都要学习的基本课程之一被广泛推行，但因其只在贵族学校教授，所以发展比较缓慢。

春秋战国时，人们开始使用算筹。古代算筹是一根根同样长短粗细的小棍子，有竹子做的，也有木头、兽骨、象牙和金属等材料做的，放在袋子里可随身携带，需要记数时就取出来，随便在哪里都能使用。别小看这些小棍子，它们在中国数学史上可立有大功，发明这种方法，经历了一个漫长的历史过程。

春秋末年，人们已掌握了完备的十进制算术、九九乘法表和整数加减乘除四则运算，开始使用分数，算筹的使用也愈发普遍。

战争带给数学的机遇

早在数千年前，数学就已在人类战争史上留下了光辉的一笔。战争背后，经常是数学的较量：该给每个士兵发多少粮食，每年收获的粮食能支撑打多久的仗，缴获来的战利品应该怎么分，新增加多少军费能保证战士士气高涨……在战争的促使下，数学进入大发展时期。

春秋时期，我国著名的军事家孙武在《孙子兵法》一书中，将度、量、数等数学概念引入军事领域，通过必要的计算来预测战争胜负。

三国时期诸葛亮“推演兵法作八阵图”，是以乱石堆成石阵，分成八门，一旦操控起来，变化万端，可抵挡十万精兵，可见空间几何对战争的巨大影响。

数学理论的形成

我国古代很长时间里，几何学和算术是融合在一起的，而几何学作为一个独立学科分离出来，第一步是从春秋战国时期的《墨经》迈出的。

我们在数学课上学习的充分条件与必要条件，在《墨经》中是这样被定义的："小故，有之不必然，无之必不然；大故，有之必然。"其中"小故"指的是必要条件，"大故"指的是充分必要条件。

如果按《墨经》中的理论体系继续发展，我国很早就能建立起一个完备的，可以与现代西方几何媲美的几何系统。但后来出现诸多变故，《墨经》中的几何理论仅仅在历史中昙花一现。

数学发展的第一个高峰

汉代到南北朝时期，数学界思想活跃，人才辈出，是我国数学发展的第一个高峰。

那时随着经济发展，人们面临的数学问题越来越多，西汉时期发明了"解勾股形""重差"等数学计算方法，并且对前人的数学理论进行了总结，出现了两本数学著作《周髀算经》和《九章算术》。

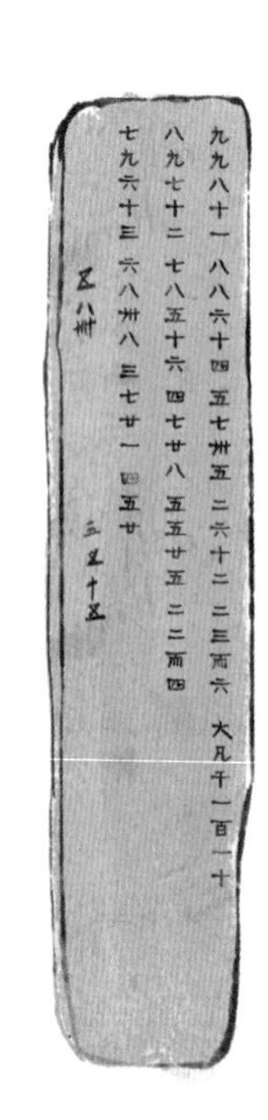

敦煌汉简九九术残表

在我国敦煌出土的汉简中，人们发现了"九九术"残表十六句，除此之外，还有大量的公文、分赏、

捐赠和买卖等记录。如果不是算学已经有了一定基础，这些复杂的计算是无论如何都进行不了的。

保留至今的很多汉砖上，许多都带有特别的几何图案，如菱形方格纹、平行线纹和回纹等，纹式丰富多样、变化多端，体现了当时人们对于几何的认知。

三国、两晋、南北朝时，一些数学家把从先秦到两汉积累起来的数学知识进行了总结。比如吴国的数学家赵爽为《周髀算经》作了注解，详细介绍了两汉时期关于“勾股算术”的研究成果。

魏晋一直到唐朝初年，都是我国古代数学理论建立的重要时期。在《九章算术》之后，关于数学理论的研究主要集中在两个方面：一是给《九章算术》这本数学巨著做注解，加上研究出的新内容；二是沿着《九章算术》的体系，将新研究成果整理成新著作。

隋唐时期的官办数学教育

数学在隋唐时期得到高度重视，这与当时思想开化、手工业和商业发达、城市发展迅速有很大关系。隋代的第一位皇帝隋文帝在位时建立了全国最高学府“国子寺”，其中就有算学博士两名。在隋朝以前，算学教育只在读书人的启蒙阶段才有，直到隋代才发展确立了数学高等教育制度。

到了唐代，经济发展更加迅猛，许多学科如天文、历法、税务、会计和工程等都需要数学的支撑。唐代虽然十分崇尚文化艺术，但数学也作为唯一一门自然科学被列入国学。数学老师有了正式官阶，而其他教师是无此殊荣的。

隋唐数学教育影响深远，连朝鲜、日本等国都效仿创建了各自的国学，其中就有算学一科，教材也是使用中国的经典教科书。

数学发展的第二个高峰

有了隋唐打下的良好基础，宋代出现了我国科学技术发展的高峰，在各个领域都有长足进步，作为多个学科基础的数学也在唐宋时代迎来了第二个发展高峰。数学家贾宪的《黄帝九章算经细草》，是北宋时期最为重要的数学著作，他还写了两卷《算法敩（xiào）古集》，但现已丢失，他提出的“开方法”是后来所有数学涉及开方问题的基础。此外他还提出“增乘开方法”，使四次方相关运算更加简便。和贾宪几乎同时，科学家沈括在数学方面也作出了独到贡献，他在《梦溪笔谈》中开创了“隙积术”，还提出求圆弧长度的近似公式。

数学与印刷术

北宋秘书省在元丰七年（1084年）第一次以官方名义印刷了《九章算术》等十本算经，这是世界上第一套印刷本数学著作。印刷术为人类交流、知识传播创造了条件。

北宋靖康战乱，君臣仓皇南渡，金人抢劫府库，印刷本算经被践踏在泥中，散佚严重。南宋数学家鲍瀚（huàn）之也在仓皇之中南下。他担忧算经从此泯灭，便历时多年，千辛万苦到处收集，又从别处录得《数术记遗》一卷，另有《算学源流》一卷，一并翻刻，这套印刷本一直流传到现在，是世界上最早流行于世的印刷本数学著作。

数学家贾宪、李冶、杨辉和朱世杰等人的著作大多通过印刷术广泛流传，印刷术对普及数学知识意义巨大。

巅峰出现

金元时期是我国古代数学研究的巅峰，那时的代数方程理论“天元术”以及后期演化出的“四元术”，在当时全世界范围内都是领先的。

金代统治者学习中原文化，继承了前代数学理论，又随着造纸术和印刷术的普及，数学教育得到良好发展。到了元代，忽必烈称帝后重视数学人才培

宋朝君臣南渡

养，出现了“尊崇算学，科目渐兴”的局面，使当时的学术气氛比较活跃。李冶、王恂、郭守敬和朱世杰等一大批著名数学家在此时纷纷涌见。

数学的衰落

元朝中叶之后，中国传统数学发展急剧衰落，到了明代，社会风气不再宽松，数学研究重实际轻理论，很多明代数学家都不了解“天元术”和“增乘开方法”，他们在编写著作时也往往将这两种运算方法忽略了。

明朝永乐年间编纂的《永乐大典》和清朝官修的《四库全书》按照一定的分类重新整理抄录了当时流传于世的古代算经，使得很多快要消失的数学古籍重新现世，一些数学研究成果被保存下来。

明朝开始实行“八股取士”，就是参加科举的学子必须深度研究经义，在限制内答题。这些学子都一头扎进咬文嚼字的枯燥学习中，很少有人去研究数学了。

数学进入中西融合新阶段

与此同时，世界进入大航海时代，西方传教士陆续来到中国传教，他们带来了西方的科学技术。

明万历年间，来自意大利的传教士利玛窦（Matteo Ricci，1552—1610 年）广交中国名士，他与好友徐光启一起翻译了古希腊数学家欧几里得（Euclid，约公元前 330—公元前 275 年）的《几何原本》，这是西方数学进入中国的开端。除此之外，利玛窦还和李之藻一起编译了《同文算指》，这是根据德国数学家克拉维乌斯（Christopher Clavius）的《实用算术概论》与明代程大位的《算法统宗》等书编辑、翻译而成的。

后来的传教士又先后把三角学和对数这类西方初等数学带入中国，中国数学进入中西融合新阶段。

清朝康熙帝十分喜欢数学，他请来许多传教士到宫廷中为他讲授包括数学在内的自然科学知识。康熙帝还专门让自己手下的大臣编写了一部融合了中西方数学知识的巨著《数理精蕴》，里面除了介绍西方数学知识，还囊括了清初大数学家梅文鼎等人的理论，内容十分全面，是一部非常有成就的作品，对整个清朝数学研究产生了相当大的影响。

《数理精蕴》在雍正即位时开始刻印。但雍正对西洋数学没有他老爸康熙那么感兴趣，认为传教士会影响清朝统治，把除了在钦天监任职的传教士之外所有其他的传教士都赶到澳门去了。

清朝中后期开始了“闭关锁国”，中国失去了学习西方工业革命以来先进科学技术的最好时机。1840 年鸦片战争爆发，中国传统社会瓦解，文化也遭遇重大危机。维新变法和新文化运动之后，中国古代数学研究中断，中国数学相关研究被统一纳入到现代数学体系，直到现在。

康熙帝上「外教课」

古时候，人们用什么算数？

绳子的妙用

先民对数字的认识经历了一个漫长过程。据考古学家研究，最初先民只能用手指数到五，五以上统称为“多”。手指是一种现成又方便的计数工具，可是，手指只有十根，哪怕加上脚趾，也就只有二十个，这哪里够用呢！于是人们就会收集小石子用来计数，后来又逐渐学会了用石子在洞壁上划道道计数。

随着数字越来越多，古人就想出了另外一个办法计数，那就是在绳子上打结。结绳计数在中国存在了很多年，直到20世纪，云南一些少数民族还在使用这种方法。

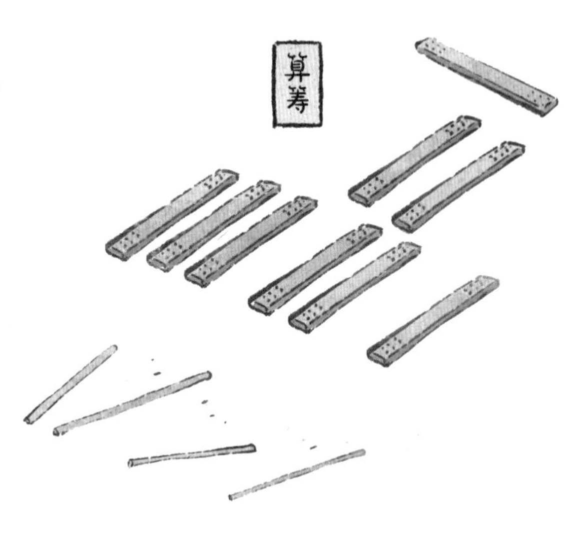

运筹帷幄的“筹”是啥意思？

我们国家有好多成语里都有“筹”字，比如出自《史记·高祖本纪》中“夫运筹策帷帐之中，决胜于千里之外”的“运筹帷幄”，比如出自《三国演义》第一回“运筹决算有神功，二虎还须逊一龙”中的“运筹决算”，还有“持筹握算”“一筹莫展”“技高一筹”等。

聪明的小朋友一定已经猜到了，这些成语里面的“筹”字，就是前文提到的古代用来计算的小棍子——算筹。算筹最早也叫“策”“筹”，人们用算筹摆成数目字进行计算，就称为“筹算”。沈括曾经夸赞和他同时代的天文学家卫朴“运筹如飞，人眼不能逐”，就是在说娴熟地使用算筹进行运算的样子。算筹是珠算发明前中国最主要的计算工具。

人们将算筹横摆或纵摆来计数，可以表示出任何一个自然数，这样就可以计算很大的数字了。筹算采用十进制，有固定位数。后来负数概念产生后，古人开始用算筹颜色区分正数和负数。筹算可以实现加、减、乘、除等各种运算，是一种很精妙的计算方法。

珠之走盘

随着古人对于数学研究的不断深入，一种叫作“珠算盘”的新型计算工具应运而生。

珠算盘就是老一辈人口中的算盘，它外面有一个方形木框，木框里纵向用细铜柱穿起许多算珠，一条横梁将算珠分为上下两层，梁上有两颗珠，梁下有五颗珠，珠子可以灵活拨动，用来计数。每一颗算珠代表一个数字，梁下的代表“1”，梁上的代表“5”，每柱算珠对应一位。经过这种看似简单实则复杂的设计，珠算盘可以进行加、减、乘、除甚至开平方与开立方的运算，十分神奇。

算盘经过许多年才进化成我们现在熟悉的样子，主流观点认为，算盘真正取代算筹应该是元朝末年到明朝初期。

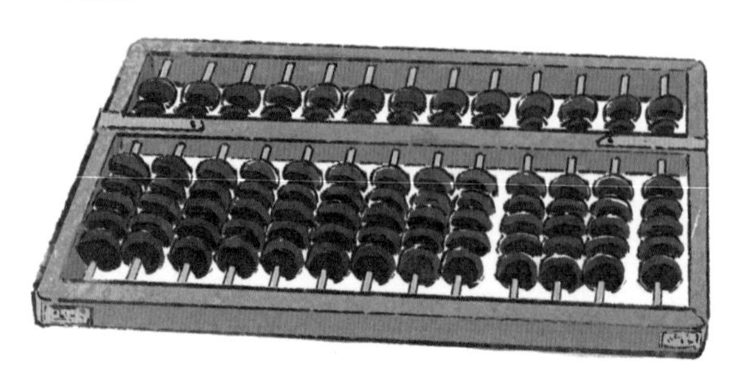

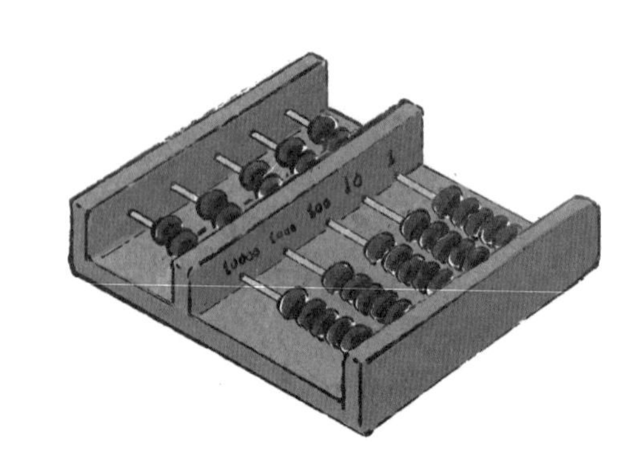

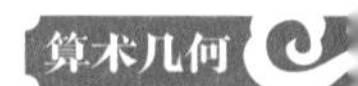

古人创造的数学规则

九九表和乘除法

小朋友们学习数学，都要牢记“小九九”，也就是“九九乘法口诀”。

九九乘法表诞生非常早，据说是中国人文始祖之一伏羲氏创造的，当时被称作“九九之术”，唐宋时成为数学的代称。

和现在九九乘法表顺序不同，古代九九乘法表从“九九八十一”开始倒着背，到“二二如四”为止，并没有“一一得一”，所以才叫作“九九乘法表”。

春秋时，齐桓公专门设置了一个有火把的庭院（庭燎）向天下求才，过了一年多才来了一个人，这个人背了首“九九歌”，说这是我献给您的才学。齐桓公觉得很可笑，认为这个人是在逗自己。来人却说：“会九九歌确实不算才学，但如果您对一个只懂九九歌的人都能以礼相待，还怕天下人才不来投奔您吗？”齐桓公觉得有道理，就隆重接待了这个人。消息不胫而走，很快，许多贤才都从四面八方赶来投奔齐桓公。

除不尽怎么办？

西汉《九章算术》中记载了分数做加、减、乘、除的方法，其中分数的加减法虽然和现在我们使用的方法有所不同，但也能正常计算，乘除法公式和现在完全一致，这是世界上最早的分数运算法则。

西方关于分数的运算法则直到15世纪才开始在欧洲流行，他们以为这种算法源自印度，实际上这是来中原做生意的印度商人或云游僧侣带回印度的。

小数的出现要比分数晚很多。古时候没有小数点，人们根据实际需要，用“分”“厘”“毫”“丝”“秒”“忽”表示一个数值的小数部分，不过后边的“毫”“丝”“秒”“忽”在日常生活中并不常用，只在精确计算时略有涉及。中国是世界上最早使用小数的国家，西方直到13世纪才出现十进分数，1585年才有十进制小数的概念。

1 2 3 4 5 6 7 8 9

筹算

让筹算更方便

古人运用算筹计算时，通常个位以纵画表示，十位以横画表示，到了百位又是纵的，千位又是横的，所以，千位和十位看起来是相同的，百位和个位看起来是相同的，算筹能通过不同组合摆出不同数字。

用算筹做乘除法，需在桌面或地面上摆三行，占地面积大不说，一个误操作，大袖子一甩，算筹就全乱了，时间一长人们就认识到这种方法不是很方便了。

唐中叶以后，为适应商业的快速发展，人们开始着手简化筹算法，把原来三行算法简化成一行算法，把一些乘除法运算通过特定方式转换成加减法，变得更加简单，这种算法就是“乘除捷算法”。

宋元时，杨辉在《乘除通变本末》中总结了唐宋时的捷算法，还在此基础上提出加法代乘的五种方法和减法代除的四种方法。再后来简单的算筹已无法适应更复杂的运算，算盘便在这时应运而生。

围绕着生活的数学题

农田面积怎么算?

古人对几何的研究，一般都建立在实际应用的基础上，比如对农田面积的计算。

农田可能会有各种形状，为统计土地作物产量，以及向官府上报土地面积，就会产生各种多边形面积计算问题。

《九章算术》里有很多这方面的计算。

对于一块方田（正方形的田）和一块广田（长方形的田），书中提出的面积公式是“广从步数相乘得积步”，“广”指东西长度，“从”指南北长度。

有些田地呈三角形(圭田)，算法是“半广以乘正从”，也就是我们现在使用的三角形面积公式。为证明这个公式的正确性，魏晋时代数学家刘徽记载了“以盈补虚”的证明方法，通过一定方法把三角形拼成长方形，称作“出入相补”，是古代解决面积、体积等问题的主要方法之一。

直角梯形在《九章算术》中的面积计算公式和现在直角梯形面积公式一样，梯形田可拆分成两个邪田（直角梯形），面积计算公式也和现在一样。

关于三角形面积计算，南宋数学家秦九韶（sháo）还提出了根据三角形三边长度求面积的“三斜求积术”。

圆形、曲面怎么算

古人计算圆的面积方法多种多样。

《九章算术》中记载了四种算法：第一种是周长的一半乘半径，第二种方法是周长乘直径再乘四分之一，第三种是直径乘直径乘四分之三，第四种是周长乘周长乘十二分之一。其中后两个方法后来经推算发现是错误的。

除计算整圆外，古人还在计算部分圆的面积上取得了一定成就。半椭圆形弓形田在古代叫“弧田”，之前有数学家提出相关公式，但刘徽认为不准确，提出把半椭圆形分割成很多个三角形进行计算的方法。此外，古人还在圆环和球冠的面积计算中取得了新的成就。

经济发展产生应用题

经济繁荣了，人们总要算各种账：生产了多少产品，路费花多少，给雇员多少报酬，制作多大的东西需要消耗多少物料，花费多少时间，甚至每顿做多少饭够吃，这些都是需要应用数学运算的地方。解决实际问题的数学题就是现在我们常做的应用题。

关于织布的有趣问题

纺织业一直是关系民生的重要产业，汉代和三国时期，出现了几个关于女织工产量的数学问题，非常有趣。

古代数学著作《九章算术》和《孙子算经》里都提到了同一个问题："今有女子善织，日自倍，五日五尺，问日织几何？"意思是："有一位女子善于织布，每天织的布都是前一天的 2 倍，已知她 5 天共织布 5 尺，问这女子每天织布多少尺？"

这道题的算法是假设第一天的织布量为 x 尺，列式为：

$$x+2x+2\times2x+2\times2\times2x+2\times2\times2\times2x=5$$

$$31x=5$$

$$x=5/31$$

所以第一天织 5/31 尺，第二天织 2×5/31=10/31 尺，第三天织 20/31 尺，第四天织 40/31 尺，第五天织 80/31 尺。

以碗知僧

“以碗知僧”是我国明代数学名著《算法统宗》里面记载的一道趣题：“巍巍古寺在山中，不知寺内几多僧。三百六十四只碗，恰合用尽不差争。三人共食一碗饭，四人共进一碗羹。请问先生能算者，都来寺内几多僧。”

大意是：山上有一古寺，在这座寺庙里，3 个和尚吃一碗饭，4 个和尚分一碗汤，一共用了 364 只碗，请问寺里面有多少个和尚？

解题思路为：假设有和尚 x 人，$x/3+x/4=364$，$x=624$，所以有 624 个和尚。

还可以用另一种解题方法：已知“3 个和尚吃一碗饭，4 个和尚分一碗汤”，那么 12 个和尚吃 4 碗饭，3 碗汤，使用 4+3=7 只碗。再看 364 人中有几组 7，就能算出有几组人吃饭，364 ÷ 7=52 组。每组 12 人，52 × 12=624，答案为 624 个和尚。

河妇荡杯

与以碗知僧相似的还有一道古题“河妇荡杯”，这是《孙子算经》中著名趣题之一：“今有妇人河上荡杯，津吏问曰：‘杯何以多？’‘家有客。’津吏曰：‘客几何？’妇人曰：‘二人共饭，三人共羹，四人共肉，凡用杯六十五，不知客几何。’”

这里的荡杯就是洗碗的意思，津吏是管理河道事务的小吏。趣题大意是：有位妇人在河边洗碗，津吏问这位妇人为什么要洗这么多碗，

河妇荡杯

妇人答家里来客人了。津吏又问来了多少客人，妇人回答只知道每2人合用1只饭碗，每3人合用1只汤碗，每4人合用1只肉碗，共用65只碗，不知道来了多少客人。

答案是60，你算对了吗？

水利、城防与数学

古代水利工程修建常用到几何计算。假设修堤坝，需拉来多少土？挖水渠，需清运多少土？古人很聪明，采用“出入相补”办法，把横截面为等腰梯形的堤坝或水渠横断面转换成上下底长度相等的长方体，再用长方体体积公式进行计算。

古代针对战争工事修建的几何运算术语具有浓厚的军事意味，如“堑堵”“鳖（biē）臑（nào）”和“阳马”等，“堑堵”可以分成“鳖臑”和“阳马”。每次修建工事，都需要人们进行大量的几何运算。

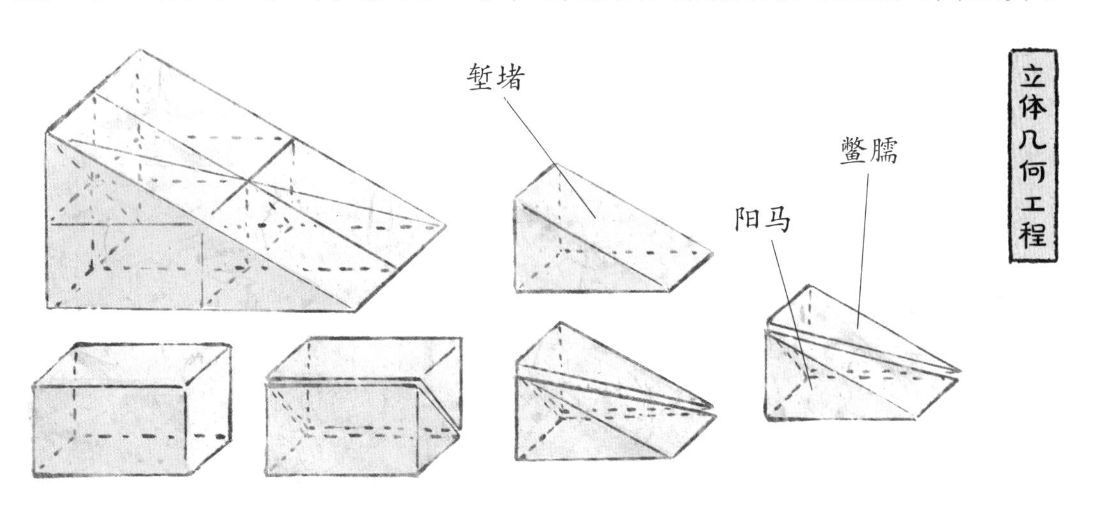

立体几何工程

测算山高谷深

在古代，先民们因为水利工程的种种需要，需要知道山有多高，山谷有多深。但是实际测算起来是一件十分麻烦的事：首先并没有那么长的尺子；其次，为了测量一座山的高度攀上悬崖峭壁也是十分困难的。这个时候先民们就需要借助一些工具和理论进行计算了。工具无非是规矩和准绳，那么这个可以通过一定方法计算出山高谷深的理论是什么呢？那就是“勾股定理”。先民们很早就有了关于勾股定理的认识，但是它真正开始发展是在西汉的时候。勾股定理的理论在三国时期才建立起来。

《九章算术》中有很多应用勾股定理的实例，比如有个问题叫“引葭（jiā）赴岸”：有正方形水池一丈见方，水池正中有一棵芦苇，苇高出水面一尺，把芦苇往岸边拽，苇尖刚好够到岸边，问水深和苇长各是多少？除此之外，“竹高折地”和“执干出户”问题也是运用勾股定理的著名趣题。

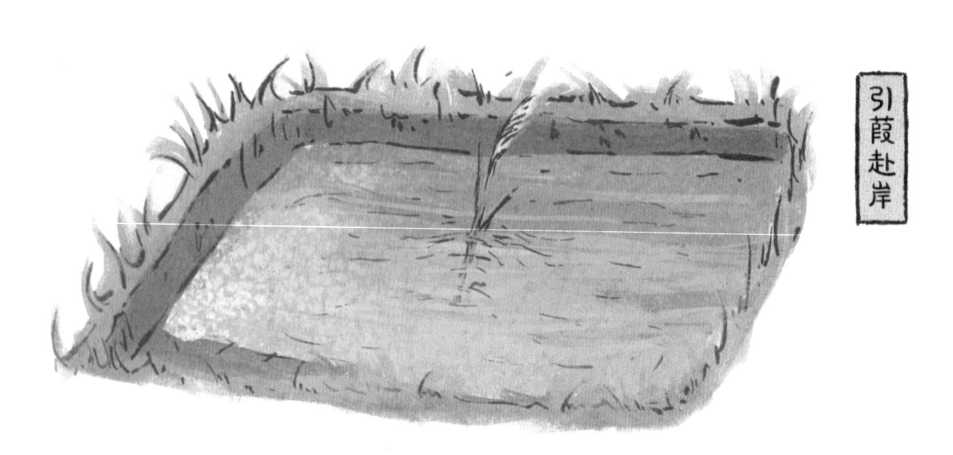

引葭赴岸

古代数学首创

中国的历史非常悠久，在很久很久以前就已经有人用各种方法运算着数学难题。比如从八卦推演出的六十四卦，是巨大的排列组合，而它诞生的时间不晚于公元前 11 世纪。人们在头脑中记住了各种卦形，运用卦象符号来推演，还用手指关节当“草纸”进行运算。我们的祖先在文明的一次次飞跃中证实了自己的头脑拥有着极大的智慧。

中国的“0”

最初，古人筹算时如果刚好遇到“0”，会用空位表示。可是空位容易出错，后来就出现了“○”这个汉字。“○”可是一个正宗的汉字，在字典里是能查到的。“○”在宋代数学家手中成为运用自如、发展完善的“零”的记号。

从一到九组成的十进制

我们现在的生活中，存在着各种各样的进位法则。我们所应用的电脑程序采用的是只有“0”和“1”的二进制，我们计算分钟用的是六十进制，小时转化成天数则是二十四进制。

古代的计数比较复杂，比如表示长度时会用自己的身体部分来测算，比如手指、手掌、男子或女子的手、小臂和步距等，后来到了周代，长度单位有寸、尺、寻等，周制8寸=1咫（zhǐ），10寸=1尺，8尺=1寻，2寻=1常，8尺=1仞（汉制为7尺）等，这些长度单位并不精确。

秦始皇统一度量衡，虽然规定六尺为步，但他的法家顾问们却把墨家十进制记数法应用到尺以下的长度单位上去了。

公元300年前后，《孙子算经》提到以蚕丝直径作为一个长度单位，叫“忽”，并规定10忽=1秒，10秒=1毫，10毫=1厘，10厘=1分，除了个别字眼有所变化外，十进制已经基本确定下来了。在《孙子算经》的诞生年代，容积和重量单位也采用了十进制。

我们口中的十进制全称是“十进位值制记数法”，它包含两个方面：一个是我们经常说的“逢十进一”的进位制；另一个则是一个数字单字表示什么数，不仅要看它自己的数值，还要看它的位置的位值。比如说“55”这个数字，第一个“5”在十位，表示的是“50”，第二个“5”在个位，表示的就是“5”。同一个数字，在不同的位置上就表示不同的数。

十进制是当时世界上最简便、最先进的记数制度，有学者认为，阿拉伯数字的创造就借鉴了中国的十进制。

一忽

“规矩”是什么

爸爸妈妈经常告诉我们不要冒失，要遵守规矩。“规矩”现在指社会公认的道德规范，但本意则是两种专门用来绘图的工具。其中“规”指的是画圆用的圆规，但是因为古代的书写工具不同，当时的圆规和我们现在使用的圆规有些不一样。“矩”是我们现在使用的角尺。俗话“没有规矩，不成方圆”出自《孟子》，原文是“不以规矩，不能成方圆”，本意就是不用这两种工具则画不出方形和圆形。

“规”和“矩”传说是黄帝时期一个叫倕（chuí）的大臣发明的，但并不确切。除小朋友们相对熟悉的“圆规”外，其实矩在古代也是一种用途非常广的工具，既可用来确定水平和垂直方向，也可以通过换算测量高度、深度和水平距离，还可以用来画方形。

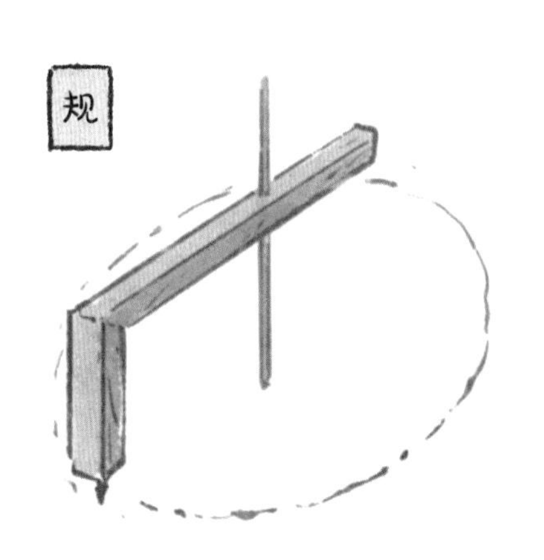

敢测太阳的数学家

周代出现了一位被人尊称为“陈子”的数学家。陈子是数学界的“全能型选手”，不仅对许多数学问题都有所研究，还擅长测量。他通过高度相等，与目标距离不同的两根标杆和投影的长度，测量出了高山、峡谷的高度和深度。后来，测量山高和谷深已经激不起他的兴趣了，他要测太阳的高度，这就是著名的“陈子测日”。

测算海岛

三国时的数学家刘徽总结了陈子的测量方法，写成了《海岛算经》。

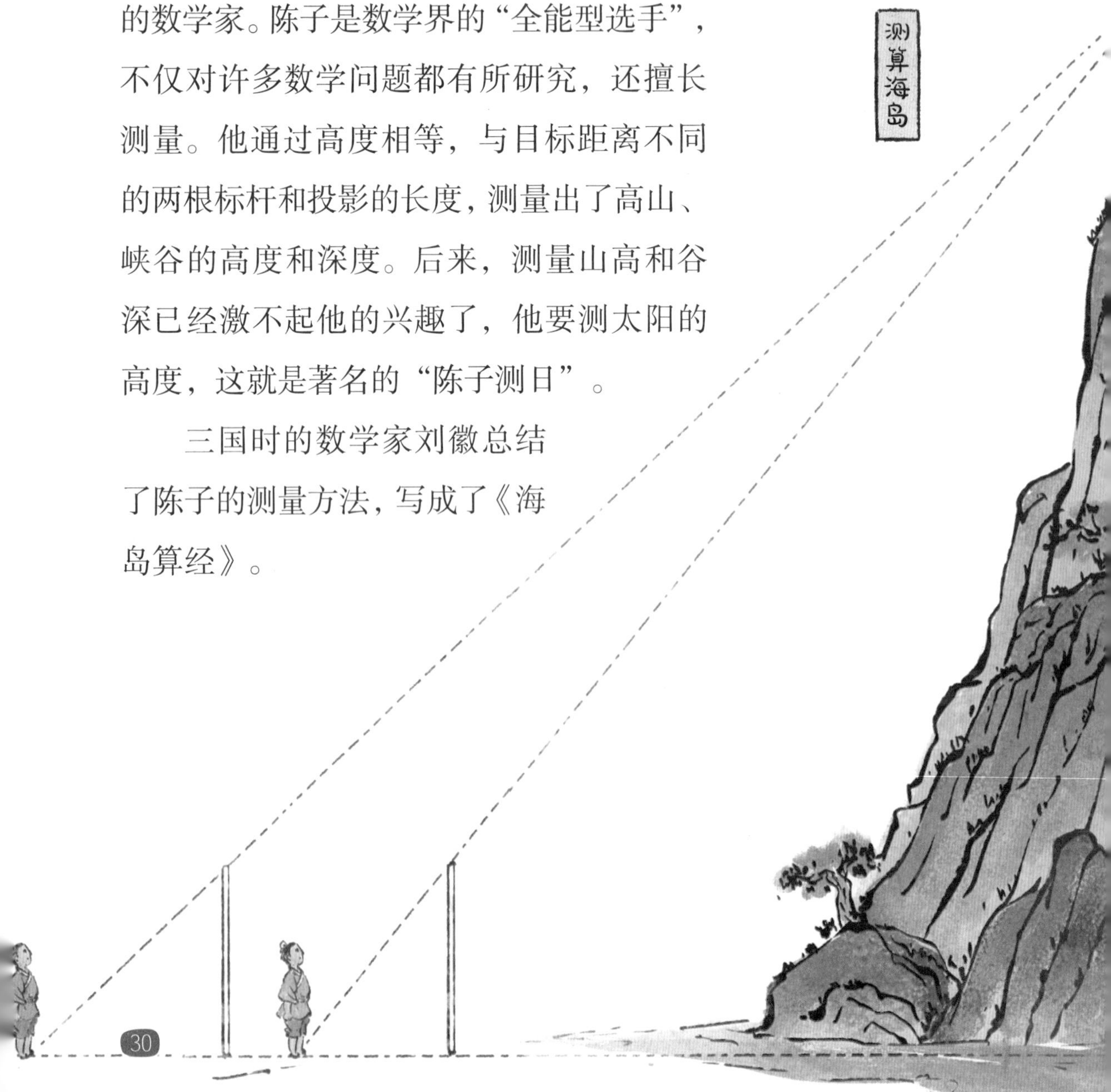

数学藏在意想不到的地方

河图洛书与古老的数学智慧

河图洛书是中国上古时代流传下来的两幅神秘图案，被视为中华文化、阴阳五行术数之源。关于河图洛书的产生和用途，历史文献没有记载，是一个千古之谜。传说在伏羲氏时，“河图”由龙马背负着从黄河出现，“洛书”由神龟背负着从洛水出现。

几千年后的今天，有人已经破译出河图洛书中的一些奥妙，古老数学的自然数和加减法，已经蕴含其中了。

河图上方为2和7，下方为1和6，左边为3和8，右边为4和9，中间为5和10。从中可得出计算公式如下：$y=5+x$。最里面的5为常量，x取值1到5，即可得出四面数字。

洛书中间依然为数字5，上方9，下方1，左边3，右边7，右上角2，左上角4，左下方8，右下方6。可用数学公式$y=10-x$来表达，x范围是1到9，得出对面数字。

如果按照古书上记载的，河图和洛书是在伏羲时代现世的话，那么这两幅神秘图案距今大约有 5000 年历史了。

《周易》中的数学排列

《周易》是世界上最早讨论数学排列的著作，它的理论体系萌芽于阴阳八卦。卦的基本符号是“爻”（yáo），分阴阳两种。阴阳两种爻按照一定顺序排列，就可以表示不同的卦象。如果一个卦象由两个爻组成，那么就有四种排列方式，就是“四象”；由三个爻组成的话就有八种排列方式，就是“八卦”；两组八卦两两组合，就形成“六十四卦”。

《墨经》中的几何学

《墨经》是墨家学派代表作，内容包括光学、力学、逻辑学和几何学等多方面。里面说“平，同高也”，意思是两条平行线之间高度相等，这实际是平行线的定义。还有“圆，一中同长也”，说的是到一个中心距离相同的图形就是圆。

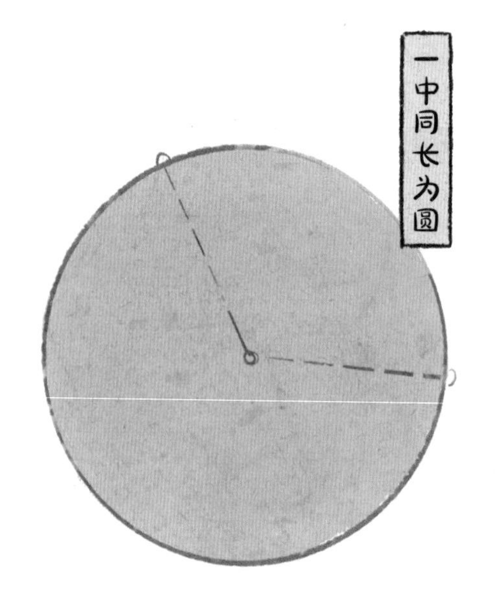

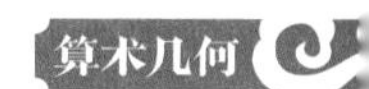

庄子与数列极限

《庄子》一书中有个著名论断："一尺之棰（chuí），日取其半，万古不竭。"意思是一尺长的木棒，第一天截掉一半，第二天再截掉剩下一半的一半，以此类推，永远都截不完。庄子提出的这个概念实际上就是我们现在的"数列极限理论"。

庄子喜欢讲故事，一次他和朋友聊天，看到鱼，说："鱼好快乐呀！"朋友回："你不是鱼，怎么知道鱼快乐不快乐？"庄子说："你又不是我，怎么知道我知不知道鱼快乐不快乐？"这个故事很有名，庄子特别喜欢哲学思辨，是名副其实的战国"段子手"。

赛马与数学对策论

“对策论”主要研究竞争环境下人们该如何做出适当的决策，是一门很新的学科，但要说起它的始祖，却是我国战国时期著名的军事家孙膑。

孙膑在齐国时，受到齐国大将田忌的重视。有一天田忌和齐王赛马，三局两胜，可无论上等马、中等马还是下等马，田忌的马都不如齐王的。孙膑给田忌的方案是：用下等马对齐王的上等马，用上等马对齐王的中等马，用中等马对齐王的下等马，结果输一场，赢两场，最终获得胜利。

“田忌赛马问题”就是一个典型的对策论问题。

考数学也可以当官

隋朝开始实行科举考试选拔官吏，唐朝时科举考试有专门考数学的“明算科”，参加明算科考试的人只要及第，就取得了做官的资格，一些擅长数学的人可以通过这个途径当官。

杨损（一位高级官员）在选用和提拔行政官吏方面很有名，特别公正。有一次，两个办事员需要升职，但该提升谁却十分伤脑筋。于是杨损给他们出了道题，谁先答出来就提升谁。题目是：一个人路过一片树林，正巧偷听到有几个盗贼在商量怎样分他们偷来的布匹，如果每人分6匹，会剩下5匹，如果每人分7匹，则会短少8匹，问有几个盗贼，布匹总数是多少？

不久，其中一个办事员得出正确答案，成功得到提升。这道题的答案是13个盗贼，83匹布，你算出来了吗？

古代的官方数学课本

唐朝经济繁荣，需要大量数学人才，除了一部分人是自学成才考上明算科的之外，还有一定比例的人是被选入国子监明算科学习的。学习专业知识，需要官方指定的权威课本。唐高宗显庆元年（656年），李淳风等人奉圣旨审定了十本数学书作为官方教材，这就是著名的《算经十书》，包括《周髀算经》《九章算术》《海岛算经》《孙子算经》《五曹算经》《张丘建算经》《夏侯阳算经》《五经算术》《缉古算经》和《缀术》。

这十本书在中国一千多年的数学研究中地位十分重要，其间虽有几本消失在历史长河里，但仍然没有更加科学的著作能够替代它们的地位。

这些数学书很重要

古老的《周髀算经》

《周髀算经》，原名《周髀》，唐初规定它为国子监明算科的教材之一，是目前已知我国最古老的数学和天文学著作，约成书于公元前1世纪。全书主要分为两部分，前为周天子和商高的问答，后为周代天文学家陈子与学生的问答。

这本书出现后，历代数学家无不以它为参考，中国古代数学在此基础上不断创新和发展起来。

虚心的周天子和博学的数学家商高

《周髀算经》中有些内容是关于周天子向商高询问一些数学问题，商高通过一根直立在地上的“表”，示范这些古老的几何问题，为周天子答疑解惑。

比如周公曰：“大哉言数。请问用矩之道？”意思是：“数学这门学科真了不起啊！我想请教应用矩尺的方法。”商高曰：“平矩以正绳，偃（yǎn）矩以望高。覆矩以测深，卧矩以知远。”意思是：“利用矩尺的直角以铅垂绳校正水平线；矩尺立放可以测高度；矩尺倒置可以测深度；矩尺与地面平行，可以测两点之间的距离。”

构建了古代中国唯一的几何宇宙模型

在书里，通过周天子与商高的一问一答，商高构建了古代中国唯一的几何宇宙模型——盖天宇宙几何模型。该模型有明确的条理，有具体的描述，也有能够自洽（qià）的数理逻辑。比如，书中说方形属于地，圆形属于天，天地相隔 80000 里，分别是两个平行的弧形；天地间由高 60000 里的璇玑支撑；璇玑的尽头就是北极，日月星辰环绕北极作圆周运动……这些理论尽管与实际存在巨大的差距，却是一次认真的尝试，是古代中国科学史上的一个闪光案例。

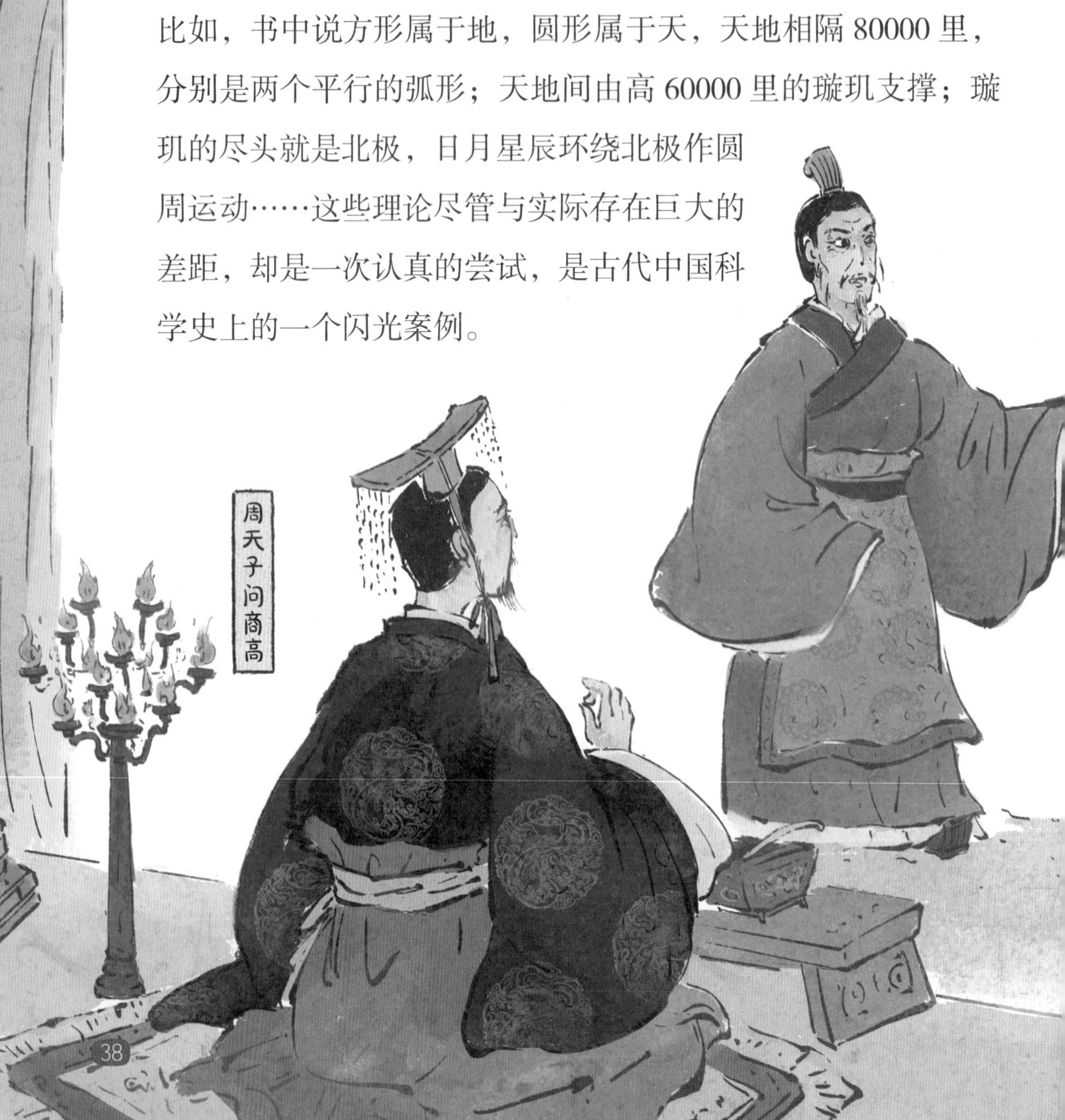

第一个把数与形结合起来的定理

《周髀算经》在数学上的主要成就是介绍并证明了勾股定理，这是人类历史上第一个把数与形结合起来的定理，比西方毕达哥拉斯定理早了五百到六百年。

书上原文为："故折矩以为勾广三，股修四，径隅五。既方共外，半之一矩，环而共盘。得成三四五，两矩共长二十有五，是谓积矩。"意思是："把一个矩形沿对角线切开，让宽等于3，长等于4。这样，对角线的长度就等于5。现在用这条对角线作为边长画一个正方形，再用几个同外面那个半矩形相似的半矩形把这个正方形围起来，形成一个方形盘。这样外面那四个宽为3、长为4、对角线为5的半矩形合在一起便构成两个矩形，总面积等于24，然后从方形盘的总面积49减去24，得到余数25。这种方法称为'积矩'。"

对于勾股定理，书上还有一幅"弦图"专门用来证明。

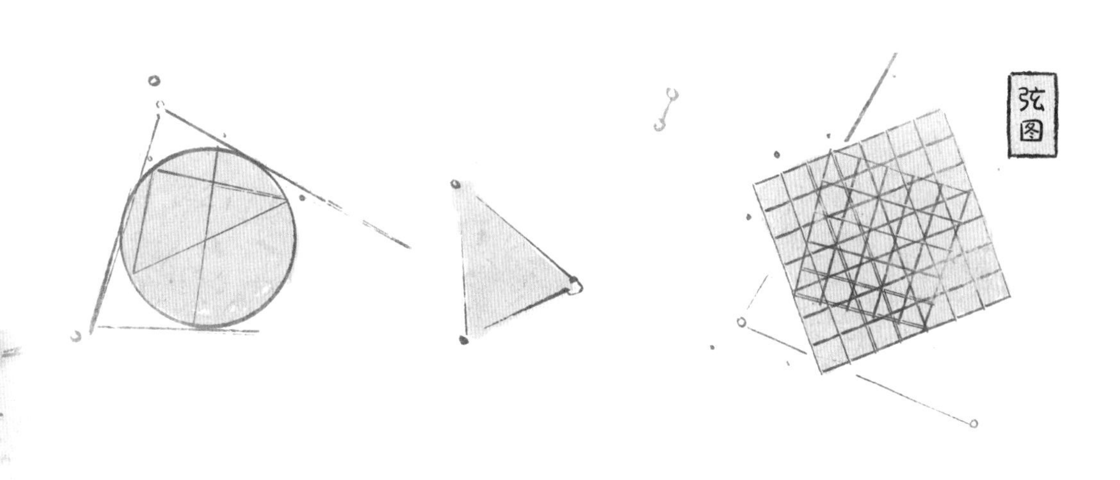

数学大百科——《九章算术》

我国古代数学到汉代逐渐形成了一个完整的体系，标志是《九章算术》的诞生。

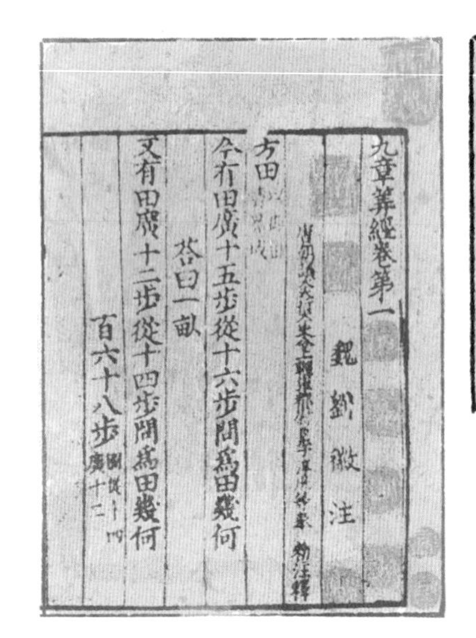

九章筭經卷第一

魏 劉 徽 注

方田

今有田廣十五步從十六步問爲田幾何

答曰一畝

又有田廣十二步從十四步問爲田幾何

百六十八步

《九章算术》古书节选

《九章算术》并不是某个人在某个时期的作品，而是很多人在不同历史时期编写的数学著作的合集。我们现在能看到的最早一版《九章算术》是魏晋时期数学家刘徽注解的版本。

据刘徽记述，《九章算术》在秦代前就已形成了，后来秦始皇焚书坑儒，再加上连年战乱，就只剩下了些散乱章节。西汉数学家张苍和耿寿昌先后对《九章算术》进行了整理修订，才使这部书成为一部比较完整的著作并流传下来。

毁于秦火的经典

书名的由来

我们现在口中的算术，是狭义的概念，仅仅是数学的一个分支，主要就是研究数字和运算。但在中国古代，算术是广义的，指的就是数学。我国古人十分重视数学的实用功能，是推算历法、制造工具、画圆作方、测量高低远近和计算钱粮的必备本领，衡量数学水平高低的标准就是看算得准不准。所以，《九章算术》中的“算术”指的就是今天的数学。

《九章算术》采用问题集的形式编写，一共246个问题，分为九大类，这就是“九章”的由来。另据专家推测，我国传统文化中“九”代表最大，从这个角度上看，《九章算术》的书名含义就是“数学的全部”。

实际上，《九章算术》也确实做到了几乎包括当时已经取得的全部数学成就，无论是内容的丰富性、重要性，还是对于后世的影响，它在古代数学著作中都排在首位。后来《九章算术》作为中国古代数学的代表作走出国门，被翻译成了多种文字广泛流传。

书里都写了啥？

《九章算术》是一本实用性很强的数学著作，其内容可以直接用来指导生产生活。

如第一章“方田”主讲田亩面积计算，我国从春秋时期开始征土地税，土地税多少要参考土地面积计算，所以对田亩面积的计算在我国古代数学中占重要地位。第二章“粟米”主讲粮食交换，古人贸易经常以物换物，其中最常见的是粮食交换。粮食价值不一，所以交换比例也不一样，如五斗谷子的价值等于三斗糙米，也等于二斗七升的九成熟大米等。

其他章节也是如此：第三章“衰分”，讲按比例分配；第四章“少广”，讲已知平面图形面积求边长和已知球体体积求半径的算法；第五章“商功”讲关于体积的计算；第六章“均输”讲征收实物地租与人口多少、路途远近等数学问题；第七章“盈不足”，讲把一定数量物品平均分给一定数量的人的问题；第八章“方程”主要讨论多元一次方程；第九章“勾股”讲利用勾股定理解决实际问题的实例等。

和孙子没关系的《孙子算经》

有些在民间流传度很广的数学题，比如“鸡兔同笼”“韩信点兵”等，在数学家们的口中被统称为“孙子问题”，因为这类问题的起源都是同一部数学著作——《孙子算经》。

《孙子算经》的作者不是孙武或孙膑，具体是谁还不知道，清朝学者戴震对其成书年代进行考证，断定其成书年代应该在四五世纪，距今约1500年，晚于《周髀算经》和《九章算术》。

《孙子算经》全书分三卷：上卷讨论度量衡单位和筹算；中卷是关于分数的应用题，涉及面积、体积、等比数列知识等，都没超过《九章算术》的范围；下卷则选取了几个著名的数学问题，并就解法进行详细解释，比如第十七题是前面提到的“河妇荡杯”问题，第二十六题是著名的孙子定理——“物不知数”问题，第三十一题是“鸡兔同笼”问题等。这些问题在后世广为流传，连现在的小朋友上学时都还要学习。

孙子定理——物不知数

孙子定理概括起来，就是一次同余式组求解问题。原文是："今有物不知其数，三三数之剩二，五五数之剩三，七七数之剩二，问物几何？"

转换成白话文就是：有一堆物件不知道数量多少，三个三个数剩下两个，五个五个数剩下三个，七个七个数剩下两个。问这堆物件到底有多少个呢？

要想保证一个数被3、5、7整除都有余数，说明这个数均无法被3、5、7整除。先假设这个数可以被5、7整除，但被3整除余2，这样的数是几？$5 \times 7=35$，恰好被3整除余2，我们找到了这个数。

再假设这个数可以被3、7整除，但是被5整除余3，这肯定是21的倍数，但是$21 \div 5$余1，要想让余数为3，则需要将21×3，得出63。

最后假设这个数可以被3、5整除，但被7整除余2，这个数肯定是15的倍数，但是$15 \div 7$余1，要想让这个余数为2，则需要将15×2，等于30。

如果同时满足以上条件，则把它们相加。但是相加后你会发现，每个数都重复出现了一次，所以要把这多出来的一遍减掉，也就是减去一个

能同时被 3、5、7 整除的数——105。这样，5 × 7+21 × 3+15 × 2-105=23，答案最小为 23，23 及加上最小公倍数 105 的所有数字 128、233、338……都是这个问题的答案。

关于孙子问题答案的求解过程，构成了后来名扬世界的“大衍求一术”的起源，这是我国古代数学最具有独创性的成就之一。

《海岛算经》与重差术

之前我们提到过的陈子测太阳高度的方法被称作“重差术”。魏晋时的数学家刘徽对这种方法有很深的研究，他在给《九章算术》编写注解的时候，就专门把重差术单独拿出来编成一卷，作为《九章算术注》的第十卷。唐朝初年，第十卷被从整部《九章算术注》里拿出来做了很细致的讲解，因书中第一题是一道测望海岛的题目，所以书名被定为“海岛算经”。

《海岛算经》体量并不是很大，书中只有九个题目，不过每个题目都很有代表性，从各个角度对重差术进行了解释运算。从这些题目中可以看出作者刘徽不仅是一个出色的数学家，而且他在测量学上也有很大成就。《海岛算经》中的测量术远远先进于十六、十七世纪西方的测量术。

深奥难懂的《缉古算经》

在汇集汉唐千年间数学成就的《算经十书》中，《缉古算经》的地位很重要，也最难懂。《缉古算经》的作者是唐代数学家王孝通，他曾先后做过算历博士和太史丞。唐武德八年（625 年）五月，《缉古算经》成书，这是中国现存最早解三次方程的著作，也是世界上最早提出三次方程解法的著作。

《五曹算经》：官吏实用数学手册

《五曹算经》的作者是南北朝时的数学家甄鸾。这是一部专门为地方官吏编写的算术应用手册。全书共五卷，按应用方向不同分《田曹》《兵曹》《集曹》《仓曹》和《金曹》。《田曹》主要讲的是田亩面积计算的问题，《兵曹》主要讲军队分配给（jǐ）养的问题，《仓曹》讲粮食税收和仓窖（jiào）体积问题，《集曹》介绍集市贸易中涉及数学计算的交换问题，《金曹》的主要内容是有关丝绢钱币的经济问题。

甄鸾的另一本著作《五经算术》，对《尚书》《诗经》《周易》《周官》《礼记》和《论语》里所出现的数学问题作出了详细注解。

被换掉的《夏侯阳算经》

我们现在看到的三卷《夏侯阳算经》不是真正的《夏侯阳算经》，而是中唐数学家韩延写的《算术》。北宋时，数学家想要再次统一整理《算经十书》，收集到《夏侯阳算经》时，看到韩延《算术》头一句话“夏侯阳曰”，于是就把这本书当成《夏侯阳算经》刊印出来。

虽然这是个误会，但却是有价值的误会。因为《夏侯阳算经》已散佚（yì）无考，《算术》中共引用《夏侯阳算经》六百多个字，总算保住了《夏侯阳算经》的部分内容。

书中将 $^1/_2$ 称为“中半”，将 $^2/_3$ 称为“大半”，将 $^1/_3$ 称为“少半”，将 $^1/_4$ 称为“弱半”，可见当时古人在数学研究中已引入分数，这在当时的世界上是十分先进的。

答案不止有一个——《张丘建算经》

《张丘建算经》成书时间大约在 5 世纪，也是我国古代重要的数学著作之一。流传下来的版本有 92 问，少了几页。书中的突出成就有最小公倍数和最大公约数的计算以及不定方程问题求解和等差数列问题。

书中整理和发展了《九章算术》的思维，提出了著名的“百鸡问题”：公鸡五文钱一只，母鸡三文钱一只，小鸡一文钱三只。现在有人花一百文钱买了一百只鸡，求公鸡、母鸡和小鸡各多少只。

书中给了三组答案：公鸡 4 只、母鸡 18 只、小鸡 78 只；公鸡 8 只、母鸡 11 只，小鸡 81 只；公鸡 12 只、母鸡 4 只、小鸡 84 只。

这道题在书中并没有更进一步的解释，只是说每少买 7 只母鸡就可以多买 3 只小鸡和 4 只公鸡，由此得到一个答案就可以推算出另外两个答案。一道题不止一个答案，这是研究“不定方程”的先例，为后来的数学家们开拓了思路。一代代数学家们对百鸡问题进行研究，直到 1815 年才被清代数学家骆腾凤使用大衍求一术解决。

群星闪耀数学界

刘徽：留下“中国最宝贵的数学遗产”

刘徽（约225—295年），今山东滨州邹城人，是我国魏晋时期最负盛名的数学家，他的两部著述《九章算术注》和《海岛算经》被誉为“中国最宝贵的数学遗产”，是中国最早明确主张用逻辑推理方式论证数学命题的人，其研究成果直接促进了中国古典数学体系的形成。

最早接触圆周率的数学家

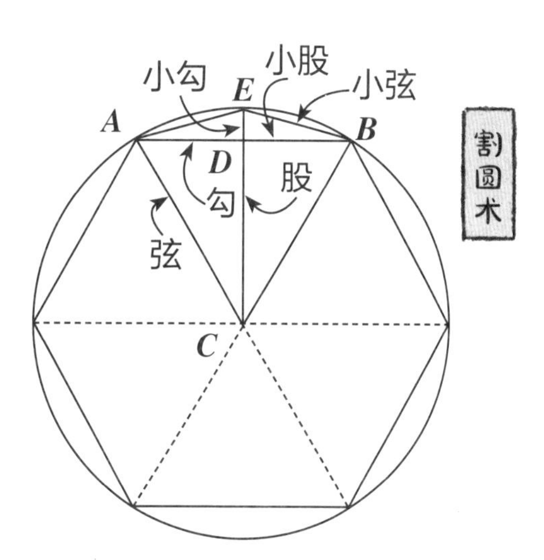

刘徽一生提出很多先进的数学理论方法。尤其在几何方面，他运用“割圆术”，求出圆周率近似值。所谓的“割圆术”是把一个圆从正6边形开始割，依次得到正12边形、正24边形……割得越细，多边形面积与圆面积差距越小。刘徽一直计算到正3072边形，得出了圆周率的近似值3.1416。

刘徽是最早接触圆周率的数学家，他提出的用割圆术计算圆周率的方法，使得中国圆周率计算领先世界一千多年。

对勾股定理的证明

《九章算术》“勾股”章有一题：“今有户高多于广六尺八寸，两隅相去适一丈，问户高、广各几何？”

大意是说：已知一个长方形的门，高比宽多 6 尺 8 寸，门的对角线长 1 丈，求门的高和宽各是多少？

刘徽通过注文“今户广为勾，高为股，两隅相去一丈为弦……”对勾股定理进行了证明。

祖冲之：那个爱科学的孩子

祖冲之（429—500 年）是南北朝时期的著名数学家。他从小喜欢读书，不光读，还爱钻研。他不会全盘接受书中观点，而是对所读到的书中每一项重大数学成果进行仔细推敲，对书中错误言论会提出批评，被他批评过的人包括刘歆（xīn）、张衡和郑玄这些大学者。

全能人才

祖冲之不仅是位数学家，还是一位天文学家，他在天文学研究方面贡献巨大。

同时，祖冲之还与许多天文学家一样是一名官员。他做了官以后，发现历法有问题，就自己修订《大明历》，上书皇帝请求更换历法，但因为政局原因没有实现。他的儿子祖暅（gèng）也是一位科学家，祖暅实现了他父亲的夙愿，在梁武帝时期成功地推行了新历法。

祖冲之还是一位工程师，他在机械制造方面很有天分。上古黄帝造指南车，无论何时都能准确指引方向的传说深深吸引着后人。祖冲之就用铜制造了一架指南车，精度非常高。

此外，他还懂音乐，写小说，给很多经典写过注释，是个非常博学的人。

让人难懂的书和世界纪录

祖冲之独自编写了《缀术》，还给《九章算术》做了注解。

《缀术》由于过于深奥，难以读懂，在宋代就失传了。

祖冲之的数学成就主要在三个方面：计算圆周率、得出球体体积计算公式和提出一元三次方程解法。

祖冲之计算出圆周率介于 3.1415926 和 3.1415927 之间，这个纪录领先世界其他国家一千多年，直到十六世纪才被西方科学家打破。

贾宪与“贾宪三角”

贾宪是我国北宋时期著名数学家，著有《黄帝九章算法细草》和《算法敩古集》，原著因种种原因丢失了。后来的数学家杨辉在自己的著述中明确写出其引用了贾宪的观点，才使贾宪的数学思想流传下来。

贾宪是精通天文、历算和数学的“全能型选手”。数学界专门有个名词“贾宪三角”，也叫“杨辉三角”。这个概念最早被贾宪发现，后被杨辉记载在 1261 年所著的《详解九章算法》一书中，潜心研究并流传到现在。欧洲数学家帕斯卡在 1654 年发现这一规律，所以“杨辉三角”也叫作“帕斯卡三角”，但帕斯卡的发现比杨辉要迟将近四百年。即：

贾宪三角 = 杨辉三角 = 帕斯卡三角

“贾宪三角”是一个数字排列问题，它的规律有：每个数等于它上方两数之和；每行数字左右对称，由 1 开始逐渐变大；第 n 行的数字有 n 项；等等。

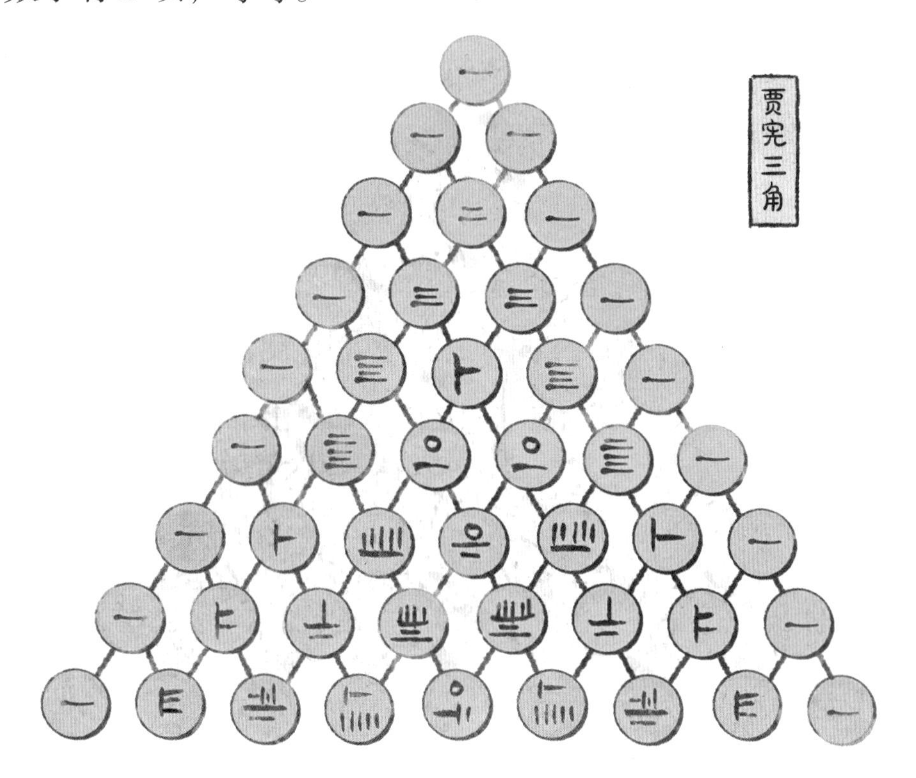

综合除法的鼻祖

杨辉将“贾宪三角”称作“开方作法本源”，并在书中注明是贾宪最先得出的。此外，贾宪还提出“立成释锁开方法”，完善了“勾股生变十三图”，创立了“增乘开方法”。现在中学数学课程里的综合除法，从原理到方法都与“增乘开方法”十分相似。

杨辉：为了算得更快

杨辉是南宋中晚期钱塘人，长期担任地方行政官员，对民间数学研究格外关注，在总结民间日常计算所使用的“乘除捷算法”“垛积术”以及纵横图和数学教育方面都作出了重大的贡献，与秦九韶、李冶、朱世杰并称“宋元数学四大家”。

杨辉一生著述很多，流传至今的有5种21卷。后人将其主要著作编成《杨辉算法》，后来还传往日本和朝鲜。

算盘出现因为他

杨辉着重研究了那本被人误认为是《夏侯阳算经》的韩延所写的《算术》，然后进一步提出“相乘六法”和“乘算加法五术”，进一步提高了人们使用捷算法运算的速度。此外，他还进一步归纳了北宋时出现的一种叫“增成法”的快速除法运算法则。

这些研究迅速得到推广，间接地推动了运算工具的发展。人们记住口诀后运算速度越来越快，最后促使了算盘的出现。

数学家、义军首领与官员

秦九韶（1208—1268年）是南宋著名数学家，他的父亲是巴州太守，非常重视对秦九韶的教育，所以，秦九韶从小就能接受当时一些名家的教导，教育基础非常好，再加上他本身也聪明好学，所以秦九韶在青年时期就成了一个博学多才、文武双全的人。

南宋时局不稳，连年战乱，秦九韶在乡里任义军首领，对抗蒙古军入侵。潼川失守后，秦九韶随朝廷避战，同时也开始做官。后来因为母亲去世，秦九韶回家守孝，守孝期间闭门钻研数学，将自己的研究成果总结成《数书九章》一书。

秦九韶的数学巨著

美国著名科学史家萨顿称秦九韶是“所有时代最伟大的数学家之一”，而秦九韶的数学成就主要在于其著作《数书九章》。

《数书九章》全书共九章，涉及数学应用的各个方面，其中主要有四大成就：①大衍求一术；②高次方程数值解法；③线性方程组解法；④三斜求积术。这些计算方法直到现在仍有很高的参考价值和实用意义。也因此，《数书九章》被誉为“算中宝典”，被认为是可与《九章算术》媲（pì）美的数学巨著。

毁誉参半

对于一位数学家，世人也会有褒有贬，这是比较罕见的。秦九韶就是这样一位毁誉参半的人物，究其原因，是秦九韶又能举兵，又能为官，身世背景复杂，与官场关系密切。秦九韶才华横溢，又从不掩饰对世俗的追求，这在古代主张平静淡泊的学术圈里确实与众不同；同时，受政治派系影响，同党奉他为大家，异党贬他如糟粕。所以有人说他是个“官迷”，也有人说他“逐利”。《数书九章》中有一道著名的题目“遥测圆城”：“问有圆城不知周径，四门中开。北外三里有乔木。出南门便折东行九里乃见木。欲知城周径各几何？”这一题需要用到十次方程才能解出。有人便以这样的难题作为例证说秦九韶“哗众取宠”。

时间过去几百年，秦九韶的数学成就流芳千古，而其他是是非非却如过眼云烟，可见学问的力量能穿透时光，只有人类的智慧能够得以永恒。

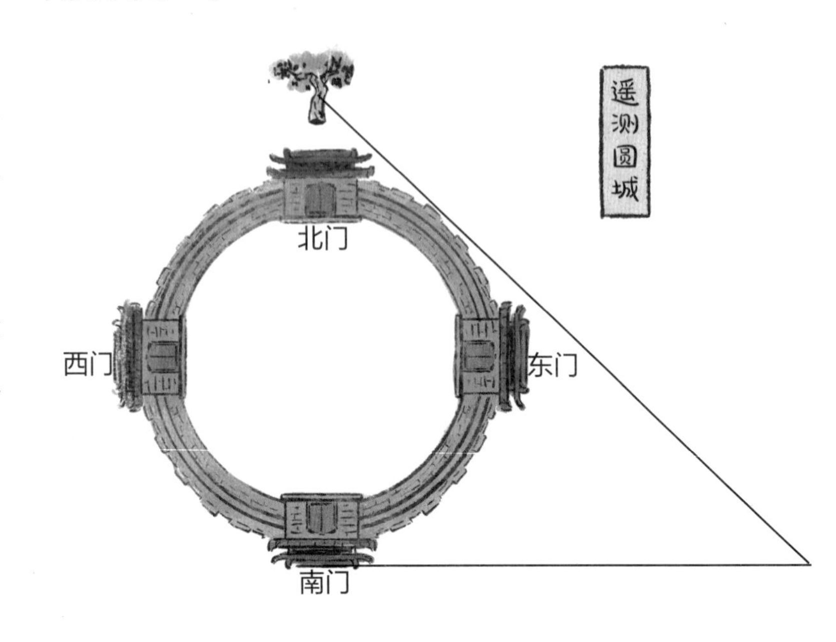

困苦中坚持数学研究的李冶

李冶出身官宦人家，父亲两袖清风，家中清贫，李冶从小对数学和文学都十分感兴趣。他出生时，金朝开始由盛转衰。中进士后，他做了钧州（今河南禹州市）知事，和父亲一样廉洁。钧州城破后，李冶开始隐居起来，专心读书，那时的他连温饱都难以保证，却对数学研究乐此不疲，开始了《测圆海镜》的写作。

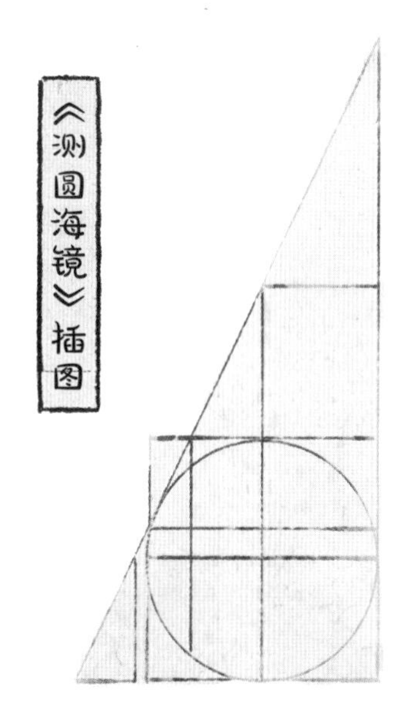

无心朝堂的教育家

1251 年，李冶回到河北元氏县封龙山下定居，收徒讲学，系统地教授数学、文学和其他学科，名气越来越大，后来办了封龙书院。

忽必烈曾两次请李冶做官，李冶做官后，觉得思想太受限制，最后还是选择回乡潜心著书。

热爱云游的数学家

朱世杰(1249—1314 年)是元朝著名数学家、教育家,他在李冶研究的“天元术”基础上发展创造出“四元术”“垛积法”和“招差术”。

元朝统一中国后，朱世杰曾以数学家身份周游全国二十多年，很多人向他求学。他到广陵（今江苏扬州）时，很多学者慕名前来拜访。朱世杰先后写成了《算学启蒙》三卷和《四元玉鉴》三卷。

《算学启蒙》是一本著名的数学科普读物，用来总结和普及当时各种数学知识，刻印后流传到日本和朝鲜，产生很大影响。

《四元玉鉴》系统讲述了四元术，第一次提出招差公式，比英国的牛顿早了将近 400 年，这让朱世杰和《四元玉鉴》在现代数学界享有巨大的国际声誉。他游学二十多年，将当时南北方的数学知识融会贯通，还以教授数学的方式促进了南北方数学学术的交流。

商人数学家程大位

程大位（1533—1606 年）出身安徽望族，家族世代经商。程大位小时候就表现出了过人的天赋，是个小学霸，儒学、诗文、篆刻和书法没有他不通的。但是，数学是他最喜欢的，他自称“数癖”，说世间万物都不能转移他对数学的喜爱。成年以后，他到各地做生意，一边经商，一边学习数学，不仅赚了好多钱，还收集了大量数学书籍，同时拜访名师求学。

40 岁的时候，程大位就不再出门做生意了，而是回到家里专心研究数学，又积累了 20 年的学问，后来成为数学名家，帮助朝廷进行土地测量、计算田亩的工作。

晚年的程大位综合各家成果，订正谬误，系统梳理，修改字句，编撰了《算法统宗》17 卷，此书成为数学史上的集大成之作。后来，程大位为了照顾数学基础较为薄弱的初学者，又将《算法统宗》改编为浅易的《算法纂（zuǎn）要》，让数学知识得以推广到普通百姓当中。程大位的这两部著作是明代影响最大的数学书籍之一，还被译成外文传播到国外。

当官不误爱数学

明朝末年有一个官职叫内阁次辅，权力很大，几乎相当于丞相，当时有一位数学家就做到了这个官位，他的名字叫徐光启。

徐光启在天文历法、数学和水利方面都有相当大的成就。

跨越东西方的数学伙伴

徐光启的数学之路上有一位重要的伙伴——意大利传教士利玛窦。在与利玛窦的长期交流中，徐光启接触到西方数学家欧几里得所写的《几何原本》，并想把它翻译成中文。但因父亲去世，他只翻译了十五卷中的前六卷便回家守孝去了。三年守孝期满，利玛窦却去世了，徐光启的翻译就没再进行下去。后面的九卷直到晚清时才由清代数学家李善兰和英国人伟烈亚力翻译完成。

在着手翻译《几何原本》之前，利玛窦曾建议徐光启先翻译天文历法著作，以便求得皇帝赏识，但徐光启却认为翻译《几何原本》更有价值。我们现在学习的很多数学概念，都是从《几何原本》中得来的。

更多古算趣题

排鱼求数

前面说过《算法统宗》是古代著名的数学书，也是里程碑式的专著，其中有许多趣题仍然适合我们今天来解，比如这道“排鱼求数”：“三寸鱼儿九里沟，口尾相衔直到头。试问鱼儿多少数，请君对面说因由。”

我国各朝各代尺度标准不同，姑且按隋唐以后的 1 里 =360 步 =1800 尺 =18000 寸计算，鱼儿数量 =9 × 18000 ÷ 3=54000 条。

唐僧取经

“唐僧取经”也出自《算法统宗》，原题为：“三藏西天去取经，一去十万八千里，每日常行七十五，问公几日得真经。答曰：一千四百四十日。”

这道题取自流传已久的唐僧西天取经的故事，算法很简单：108000 ÷ 75=1440（天）。但这种把数学和故事结合起来的方法，既有趣又生动，类似于今天的应用题。

船缸均载

船缸均载

“三百六十一只缸，任君分作几船装，不许一船多一只，不许一船少一缸？答曰：一十九只。”

这道题的意思很简单，就是把总数 361 进行开平方，得到 19 只。

三女归宁

“张家三女孝顺，归家探望勤劳，东村大女隔三朝，五日西村女到，小女南乡路远，依然七日一遭，何日齐至饮香醪（láo），请问英贤回报。答曰：一百零五日同相会。”

大概意思是：张家有三个出嫁的孝顺女儿，经常回家探望（“归宁”就是已婚的女子回娘家看望父母的意思）。大女儿 3 天回一次，二女儿 5 天回一次，小女儿 7 天回一次，问什么时候三个女儿可以在家里相聚，答案是 105 天。

其实这是一个最小公倍数的问题：$3\times5\times7=105$（天）。

李白沽酒

“李白无事街上走，提着酒壶去买酒。遇店加一倍，见花喝一斗。三遇店和花，喝光壶中酒。试问壶中原有多少酒？”

大意为：李白提着酒壶边喝边打酒，每次遇到酒馆就将壶中酒添一倍，看到花喝掉10升（斗是古代容量单位，1斗=10升=100合），他一共到达3家酒馆，看到3次花，这时正好把壶中酒喝完。请问壶中原来有多少酒？

现在用一元一次方程算这道题很简单，即假设壶中原有酒 x 升，则第一次进入酒馆，看到花，喝酒为 $2x-10$。

$2\times[2\times(2x-10)-10]-10=0$，$x=8.75$（升）。

折绳测井

“以绳测井。若将绳三折测之，绳多四尺，若将绳四折测之，绳多一尺。绳长、井深各几何？”

题意是：用绳子测水井深度，如果将绳子折成三等份，井外余绳 4 尺，如果将绳子折成四等份，井外余绳 1 尺。问绳长、井深各是多少尺？

这道题需要充分理解题中的逻辑才能解出：$3\times4=12$（尺）为折绳三份井外所余的总绳长，$4\times1=4$（尺）为折绳四份井外所余的总绳长，“将绳子折成三份，井外余绳 4 尺”和“将绳子折成四份，井外余绳 1 尺”两个条件之间，所相差的部分正好是井的深度。所以，井的深度即为 $12-4=8$（尺），绳长为 $3\times8+12=36$（尺），或 $4\times8+4=36$（尺）。

如果用方程来解，设井深为 x 尺。第一次 3 折，井外绳长 4×3（尺），总绳长为：$3x+4\times3$；第二次 4 折，井外绳长 1×4（尺），总绳长为：$4x+1\times4$。绳子的长度是一定的，那么可以列出：$3x+4\times3=4x+1\times4$，得到井深 $x=8$（尺），代入等式任意一边即可得出绳长为 36 尺。

浮屠增级

“远望巍巍塔七层，红光点点倍加增。共灯三百八十一，请问尖头几盏灯？”

浮屠就是佛塔，这道题的大意是：远处有一座七层的佛塔，塔上共挂了 381 盏灯，下一层灯数是上一层灯数的两倍，问顶层挂了几盏灯？

古人用“衰分术”来解这道题，按层与层的比例关系来求解，最顶上的比例是 1，那么往下层依次便是 2、4、8、16、32、64，加起来总数是 127，381 盏灯分成 127 份，每份是 3 盏。我们所求的最顶层占了 1 份，所以答案就是 3 盏。

如果用现代方程来解：我们先确定从顶层到底层依次是第一至第七层，假设第一层是 x，那么以下六层依次是，$2x$、$4x$、$8x$、$16x$、$32x$、$64x$。

$x+2x+4x+8x+16x+32x+64x=381$，

$x=3$（盏）。

凫雁相逢

“凫（fú）雁相逢”是《九章算术》中的一道趣题：野鸭从南海飞往北海需要 7 天，大雁从北海飞往南海需要 9 天，现在它们同时分别从南海、北海起飞，多少天后能够相遇？

书中的解法叫“齐同术”，是古代数学求解分数的一个重要方法。“齐”就是分子和分母要保持相同的变化比，“同”就是化异分母为同分母。将野鸭和大雁飞的天数全部设定为 63，那么野鸭就会飞 9 段，大雁会飞 7 段，“并齐以除同，即得相逢日”，63 ÷（7+9）=3.9375（天）。

用现代分数的方法来解这道题：野鸭每天能飞全程的 1/7，大雁每天飞全程的 1/9，那么它们每天共飞全路程是（1/7 ＋ 1/9），所需的天数为 x，则：

（1/7 ＋ 1/9）x ＝ 1，x= 3.9375（天）。

五渠灌水

“五渠灌水”的趣题出自《九章算术·均输》：“今有池，五渠注之。其一渠开之，少半日一满；次，一日一满；次，二日半一满；次，三日一满；次，五日一满。今皆决之，问几何日满池？”

翻译过来就是：有五条水渠往一个水池里注水，只打开第一条，三分之一天注满；只打开第二条，一天注满；只打开第三条，两天半注满；只打开第四条，三天注满；只打开第五条，五天注满。把五条水渠都打开，多长时间注满？

这个问题和“凫雁相逢”是同一题型，也可以用“齐同术”来解决。答案是15/74天，请你来算一算吧！

两鼠穿垣

“两鼠穿垣（yuán）”题目出自《九章算术·盈不足》，题意是：今有一堵墙厚5尺，两只老鼠从墙两端相对打洞穿墙。大老鼠第一天进1尺，以后每天加倍；小老鼠第一天也进一尺，以后每天减半。问几天后两鼠相遇？

第一天穿墙：$1+1=2$（尺），剩余：$5-2=3$（尺）。

第二天穿墙：$1\times2+1\div2=2.5$（尺），剩余：$3-2.5=0.5$（尺）。

第三天两鼠能穿墙 $1\times2\times2+1\div2\div2=4.25$（尺），但它们只需穿过0.5尺就好了，那么用 $0.5\div4.25=2/17$（天）。

所以，答案就是2又2/17天。

韩信点兵

之前我们介绍过孙子定理，讲过“物不知数”（见第 44 页），“物不知数”问题也叫“韩信点兵”“鬼谷算”“隔墙算”，外国人还称它为“中国剩余定理”。为什么叫“韩信点兵”呢？

题目如下：汉代大将韩信每次集合部队，只要求部下分别按 1 至 3、1 至 5、1 至 7 报数，然后再报告一下各队每次报数的剩余人数，他就知道集合了多少人。

明代数学家程大位用诗歌概括了这道题的算法：“三人同行七十稀，五树梅花廿（niàn）一枝，七子团圆正半月，除百零五便得知。”意思是：用 3 除所得的余数乘上 70，加上用 5 除所得的余数乘以 21，再加上用 7 除所得的余数乘上 15，结果大于 105 就减去 105 的倍数，这样就知道所求的数了。

这样计算总数量又快捷又准确，不必担心一个一个数造成的失误，是一个很有实用价值的计算方法。

鸡兔同笼

“鸡兔同笼”问题出自《孙子算经》：“今有鸡兔同笼，上有35头，下有94足，问鸡兔各几何？”意思是：有一些鸡和兔关在一个笼子里，数头有35个，数脚有94只。求笼中有鸡和兔各多少只？

解法一——“抬足法”：假如鸡用单腿站着，兔用两条后腿站着，就是每只鸡、每只兔都抬起一半的脚，鸡和兔的脚总数由94变成94÷2=47（只），如果笼子里有一只兔子，则脚总数就比头总数多1。因此，脚总数47与头总数35的差，就是兔子的只数，即47-35=12（只）。显然，鸡的只数是35-12=23（只）。“抬足法”令古今中外数学家赞叹不已，这种思维方法叫“化归法”，即先不进行直接计算，而是将题中的条件或问题进行转化，最终把它归成某个可以解决的问题。

解法二——“假设法”：假设全部是鸡，头有35个，脚有35×2=70（只），相差94-70=24（只），是兔多出的脚。每只兔多2只脚，兔有24÷2=12（只），鸡有35-12=23（只）。

解法三——“解方程”：假设兔有x只，则鸡有35-x只，列式为$4x+(35-x)\times 2=94$，$x=12$，鸡有35-12=23（只）。

鸡兔同笼

及时梨果

趣题“及时梨果”出自元代数学家朱世杰于1303年编著的《四元玉鉴》，原题为：“九百九十九文钱，及时梨果买一千，一十一文梨九个，七枚果子四文钱。问：梨果多少价几何？”

此题大意为：用999文钱买1000个梨和果子，梨11文买9个，果子4文买7个。问买到梨、果子各多少个，各付多少钱？

通过读题我们可知梨每个价为 $11 \div 9=11/9$（文），果子每个价为 $4 \div 7= 4/7$（文）。这道题的解法可以借鉴“鸡兔同笼”题的“假设法”。

假设这总数1000个买的都是梨，则需要 $11/9 \times 1000$ 文钱，超出了999文这个限定好多。那么这些超出的部分 $11/9 \times 1000-999$ 就是不买果子全买梨所多出来的钱。每个梨比每个果子多 $11/9-4/7$ 文钱，因此多出来的总钱数 ÷ 梨和果子的单价差额，即 $(11/9 \times 1000-999) \div (11/9-4/7)=343$，就是果子的个数，由此可得，梨的个数为 $1000-343=657$（个）；梨总价为 $11/9 \times 657=803$（文），果子总价为 $4/7 \times 343=196$（文）。